AF260112

JULES FAVRE

ET

LE COMTE DE BISMARCK

ENTREVUE DE FERRIÈRES

DOCUMENTS OFFICIELS

PUBLIÉS PAR GEORGES D'HEYLLI

PRIX : 75 CENTIMES

PARIS

LIBRAIRIE GÉNÉRALE

DÉPOT CENTRAL DES ÉDITEURS

72, BOULEVARD HAUSSMANN, ET RUE DU HAVRE

JULES FAVRE

ET

LE COMTE DE BISMARCK

———

ENTREVUE DE FERRIÈRES

25 exemplaires numérotés et signés ont été tirés
sur papier vergé de Hollande.

JULES FAVRE

ET

LE COMTE DE BISMARCK

ENTREVUE DE FERRIÈRES

DOCUMENTS OFFICIELS

PUBLIÉS PAR GEORGES D'HEYLLI

PARIS

LIBRAIRIE GÉNÉRALE

DÉPOT CENTRAL DES ÉDITEURS

72, BOULEVARD HAUSSMANN, ET RUE DU HAVRE

1870

A M. JULES FAVRE

MEMBRE DE L'ACADÉMIE FRANÇAISE

VICE-PRÉSIDENT DU GOUVERNEMENT DE LA DÉFENSE NATIONALE

MINISTRE DES AFFAIRES ÉTRANGÈRES

MINISTRE DE L'INTÉRIEUR PAR INTÉRIM

Hommage de l'Éditeur,

GEORGES D'HEYLLI.

Novembre 1870.

AVERTISSEMENT

Nous publions, ci-après, divers documents officiels relatifs à la patriotique et courageuse tentative faite par M. Jules Favre auprès du comte de Bismark, au mois de septembre dernier, en vue d'un armistice nécessaire à l'élection des députés à l'Assemblée nationale (1).

Ces documents ont été rédigés par M. Jules Favre lui-même. Au point de vue littéraire, — et c'est surtout à ce point de vue que nous les publions, — ils constituent peut-être la partie la plus éloquente, la plus émue, et, à coup sûr,

---

(1) J'ai cru devoir compléter la reproduction des documents relatifs à la première proposition d'armistice par celle de pièces plus récentes écrites et publiées à l'occasion d'une nouvelle tentative en faveur de la paix faite par M. Thiers, à la fin d'octobre dernier.

la plus vraiment sentie et pensée de l'œuvre de l'éminent orateur. Ils se rattachent, en même temps, à une des plus terribles et des plus douloureuses crises qu'ait traversées notre malheureux pays... Le rôle considérable qu'aura rempli M. Jules Favre au milieu des épreuves, non encore terminées, qui nous ont accablés, marque sa place au premier rang dans l'histoire de la défense nationale pendant le siége de Paris en 1870. D'ailleurs, les quelques pièces qui composent cette brochure, et qui sont personnelles à M. Jules Favre, touchent trop intimement à cette histoire même pour pouvoir être jamais oubliées.

Paris, 10 décembre 1870
(83e jour du siége).

GEORGES D'HEYLLI.

ENTREVUE

DE

FERRIÈRES

Le 6 septembre 1870, en prenant possession du département des affaires étrangères, M. Jules Favre, vice-président du Gouvernement de la défense nationale, adressait aux agents diplomatiques de la France à l'étranger 'a circulaire suivante :

MONSIEUR,

Les événements qui viennent de s'accomplir à Paris (1) s'expliquent si bien par la logique inexorable des faits qu'il est inutile d'insister longuement sur leur sens et leur portée.

En cédant à un élan irrésistible, trop longtemps con-

(1) La révolution du 4 septembre 1870 et la proclamation de la République.

tenu, la population de Paris a obéi à une nécessité supérieure, celle de son propre salut.

Elle n'a pas voulu périr avec le pouvoir criminel qui conduisait la France à sa perte.

Elle n'a pas prononcé la déchéance de Napoléon III et de sa dynastie : elle l'a enregistrée au nom du droit, de la justice et du salut public.

Et cette sentence était si bien ratifiée à l'avance par la conscience de tous, que nul, parmi les défenseurs les plus bruyants du pouvoir qui tombait, ne s'est levé pour le soutenir.

Il s'est effondré de lui-même, sous le poids de ses fautes, aux acclamations d'un peuple immense, sans qu'une goutte de sang ait été versée, sans qu'une personne ait été privée de sa liberté.

Et l'on a pu voir, chose inouïe dans l'histoire, les citoyens auxquels le cri du peuple conférait le mandat périlleux de combattre et de vaincre, ne pas songer un instant aux adversaires qui la veille les menaçaient d'exécutions militaires. C'est en leur refusant l'honneur d'une répression quelconque qu'ils ont constaté leur aveuglement et leur impuissance.

L'ordre n'a pas été troublé un seul moment ; notre confiance dans la sagesse et le patriotisme de la garde nationale et de la population tout entière nous permet d'affirmer qu'il ne le sera pas.

Délivré de la honte et du péril d'un gouvernement traître à tous ses devoirs, chacun comprend que le premier acte de cette souveraineté nationale, enfin reconquise, est de se commander à soi-même et de chercher sa force dans le respect du droit.

D'ailleurs, le temps presse : l'ennemi est à nos portes; nous n'avons qu'une pensée, le repousser hors de notre territoire.

Mais cette obligation que nous acceptons résolûment, ce n'est pas nous qui l'avons imposée à la France ; elle ne la subirait pas si notre voix avait été écoutée.

Nous avons défendu énergiquement, au prix même de notre popularité, la politique de la paix. Nous y persévérons avec une conviction de plus en plus profonde.

Notre cœur se brise au spectacle de ces massacres humains dans lesquels disparaît la fleur des deux nations, qu'avec un peu de bon sens et beaucoup de liberté on aurait préservées de ces effroyables catastrophes.

Nous n'avons pas d'expression qui puisse peindre notre admiration pour notre héroïque armée, sacrifiée par l'impéritie du commandement suprême, et cependant plus grande par ses défaites que par les plus brillantes victoires.

Car, malgré la connaissance des fautes qui la compromettaient, elle s'est immolée, sublime, devant une mort certaine, et rachetant l'honneur de la France des souillures de son gouvernement.

Honneur à elle! La Nation lui ouvre ses bras! Le pouvoir impérial a voulu les diviser, les malheurs et le devoir les confondent dans une solennelle étreinte. Scellée par le patriotisme et la liberté, cette alliance nous fait invincibles.

Prêts à tout, nous envisageons avec calme la situation qui nous est faite.

Cette situation, je la précise en quelques mots; je la soumets au jugement de mon pays et de l'Europe.

Nous avons hautement condamné la guerre, et, protestant de notre respect pour le droit des peuples, nous avons demandé qu'on laissât l'Allemagne maîtresse de ses destinées.

Nous voulions que la liberté fût à la fois notre lien commun et notre commun bouclier; nous étions convaincus que ces forces morales assuraient à jamais le maintien de la paix. Mais, comme sanction, nous réclamions une arme pour chaque citoyen, une organisation civique, des chefs élus; alors nous demeurions inexpugnables sur notre sol.

Le gouvernement impérial, qui avait depuis longtemps séparé ses intérêts de ceux du pays, a repoussé cette politique. Nous la reprenons, avec l'espoir qu'instruite par l'expérience, la France aura la sagesse de la pratiquer.

De son côté, le roi de Prusse a déclaré qu'il faisait la guerre non à la France, mais à la dynastie impériale.

La dynastie est à terre. La France libre se lève.

Le roi de Prusse veut-il continuer une lutte impie qui lui sera au moins aussi fatale qu'à nous?

Veut-il donner au monde du XIXe siècle ce cruel

spectacle de deux nations qui s'entre-détruisent, et qui, oublieuses de l'humanité, de la raison, de la science, accumulent les ruines et les cadavres?

Libre à lui : qu'il assume cette responsabilité devant le monde et devant l'histoire!

Si c'est un défi, nous l'acceptons.

Nous ne céderons ni un pouce de notre territoire, ni une pierre de nos forteresses.

Une paix honteuse serait une guerre d'extermination à courte échéance.

Nous ne traiterons que pour une paix durable.

Ici, notre intérêt est celui de l'Europe entière, et nous avons lieu d'espérer que, dégagée de toute préoccupation dynastique, la question se posera ainsi dans les chancelleries.

Mais, fussions-nous seuls, nous ne faiblirons pas.

Nous avons une armée résolue, des forts bien pourvus, une enceinte bien établie, mais surtout les poitrines de trois cent mille combattants décidés à tenir jusqu'au dernier.

Quand ils vont pieusement déposer des couronnes aux pieds de la statue de Strasbourg (1), ils n'obéissent pas seulement à un sentiment d'admiration enthousiaste, ils prennent leur héroïque mot d'ordre, ils jurent d'être dignes de leurs frères d'Alsace et de mourir comme eux.

Après les forts, les remparts; après les remparts, les

______

(1) Œuvre de Pradier sur la place de la Concorde.

barricades. Paris peut tenir trois mois et vaincre ; s'il succombait, la France, debout à son appel, le vengerait ; elle continuerait la lutte, et l'agresseur y périrait.

Voilà, monsieur, ce que l'Europe doit savoir. Nous n'avons pas accepté le pouvoir dans un autre but. Nous ne le conserverions pas une minute si nous ne trouvions pas la population de Paris et la France entière décidées à partager nos résolutions.

Je les résume d'un mot devant Dieu, qui nous entend, devant la postérité, qui nous jugera : nous ne voulons que la paix. Mais, si l'on continue contre nous une guerre funeste que nous avons condamnée, nous ferons notre devoir jusqu'au bout, et j'ai la ferme confiance que notre cause, qui est celle du droit et de la justice, finira par triompher.

C'est en ce sens que je vous invite à expliquer la situation à M. le ministre de la cour près de laquelle vous êtes accrédité, et entre les mains duquel vous laisserez copie de ce document.

Agréez, monsieur, l'expression de ma haute considération (1).

Le 6 septembre 1870.

Le ministre des affaires étrangères,

Jules FAVRE.

(1) *Journal officiel* du 7 septembre.

Le 17 septembre, avant-veille de l'investissement de Paris par les armées prussiennes, et à propos du décret relatif aux élections des membres de l'Assemblée nationa'e, élections dont le Gouvernement croyait devoir rapprocher la date (1), M. Jules Favre transmettait aux agents diplomatiques de la France à l'étranger une nouvelle circulaire où il s'exprimait en ces termes :

MONSIEUR,

Le décret par lequel le Gouvernement de la défense nationale avance les élections a une signification qui certainement ne vous aura pas échappé, mais que je tiens à préciser. La résolution de convoquer le plus tôt possible une assemblée résume notre politique tout entière. En acceptant la tâche périlleuse que nous imposait la chute du gouvernement impérial, nous n'avons eu qu'une pensée : défendre notre territoire, sauver notre honneur, et remettre à la Nation le pouvoir qui émane d'elle, que seule elle peut exercer. Nous aurions voulu que ce grand acte s'accomplît sans transition, mais la première nécessité était de faire tête à l'ennemi, et nous devions nous y dévouer : c'est là ce que comprendront ceux qui nous jugent sans passion.

(1) Un premier décret du 8 septembre convoquait les électeurs pour le 16 octobre ; un second décret du 16 rapprochait la date de ces élections au 2 octobre ; enfin un troisième décret du 23 les ajourna indéfiniment.

Nous n'avons pas la prétention de demander ce désintéressement à la Prusse ; nous tenons compte des sentiments que font naître chez elle la grandeur des pertes éprouvées et l'exaltation naturelle de la victoire. Ces sentiments expliquent les violences de la presse, que nous sommes loin de confondre avec les inspirations des hommes d'Etat. Ceux-ci hésiteront à continuer une guerre impie dans laquelle ont déjà succombé plus de deux cent mille créatures humaines, et ce serait la continuer forcément que d'imposer à la France des conditions inacceptables.

On nous objecte que le Gouvernement qu'elle s'est donné est sans pouvoir régulier pour la représenter. Nous le reconnaissons loyalement ; c'est pourquoi nous appelons tout de suite une assemblée librement élue.

Nous ne nous attribuons d'autre privilége que de donner à notre pays notre cœur et notre sang, et de nous livrer à son jugement souverain. Ce n'est donc pas notre autorité d'un jour, c'est la France immortelle qui se lève devant la Prusse. La France dégagée du linceul de l'empire, libre, généreuse, prête à s'immoler pour le droit et la liberté, désavouant toute politique de conquête, toute propagande violente, n'ayant d'autre ambition que de rester maîtresse d'elle-même, de développer ses forces morales et matérielles, de travailler fraternellement avec ses voisins aux progrès de la civilisation. C'est cette France qui, rendue à sa libre action, a immédiatement demandé la cessation de la guerre, mais qui en préfère mille fois les désastres au déshonneur.

Vainement ceux qui ont déchaîné sur elle ce redoutable fléau essayent-ils aujourd'hui d'échapper à la responsabilité qui les écrase, en alléguant faussement qu'ils ont cédé au vœu du pays (1 . Cette calomnie peut faire illusion à l'étranger, où l'on n'est pas tenu de connaître exactement notre situation intérieure; mais il n'est personne chez nous qui ne la repousse hautement comme une œuvre de révoltante mauvaise foi.

Les élections de 1869 ont eu pour mot d'ordre : paix et liberté. Le plébiscite lui-même s'est approprié ce programme, en confiant au pouvoir impérial la mission de le réaliser. Il est vrai que la majorité du Corps législatif a acclamé les déclarations belliqueuses de M. le duc de Gramont; mais, quelques semaines avant, elle avait accordé les mêmes acclamations aux déclarations pacifiques (2) de M. Ollivier.

Il faut le dire sans récrimination : émanée du pouvoir personnel, la majorité se croyait obligée de le suivre docilement, même dans ses plus périlleuses contradictions. Elle s'est refusée à tout examen sérieux, et a voté de confiance; alors le mal a été sans remède. Telle est la

---

(1) Napoléon III avait dit à M. de Bismarck, lors de leur entrevue après le désastre de Sedan : « qu'il avait été contraint à faire la guerre par l'opinion publique en France. » Il avait même répété ce propos au château de Wilhemshœhe, lieu de sa détention.

(2) A propos de l'affaire du Saint-Gothard.

vérité. Il n'y a pas un homme sincère en Europe qu
puisse la démentir et affirmer que, librement consultée, la
France eût fait la guerre à la Prusse.

Je n'en ai jamais tiré cette conséquence que nous ne
soyons pas responsables. Nous avons eu le tort, — et
nous l'expions cruellement, — d'avoir toléré un Gouvernement qui nous perdait. Maintenant qu'il est renversé,
nous reconnaissons l'obligation qui nous est imposée de
réparer, dans la mesure de la justice, le mal qu'il a fait.
Mais, si la puissance avec laquelle il nous a si gravement
compromis se prévaut de nos malheurs pour nous acca-
bler, nous lui opposerons une résistance désespérée, et il
demeurera bien entendu que c'est la Nation, régulière-
ment représentée par une assemblée librement élue, que
cette puissance veut détruire.

La question ainsi posée, chacun fera son devoir. La
fortune nous a été dure : elle a des retours imprévus.
Notre résolution les suscitera. L'Europe commence à s'é-
mouvoir, les sympathies nous reviennent. Celles des cabinets nous consolent et nous honorent. Ils seront vivement frappés, j'en suis sûr, de la noble attitude de Paris,
au milieu de tant de causes de redoutables excitations.
Grave, confiante, prête aux derniers sacrifices, la Nation
armée descend dans l'arène, sans regarder en arrière,
ayant devant les yeux ce simple et grand devoir : la défense de son foyer et de son indépendance.

Je vous prie, Monsieur, de développer ces vérités au
représentant du Gouvernement près duquel vous êtes

accrédité ; il en saisira l'importance, et se fera ainsi une juste idée des dispositions dans lesquelles nous sommes (1).

Recevez, etc.

Paris, le 17 septembre 1870.

Le vice-président du Gouvernement de la défense nationale, ministre des affaires étrangères,

Jules FAVRE.

Quelques jours après, au moment où Paris venait d'être définitivement séparé, par l'investissement (2), du reste de la France et du monde, M. Jules Favre jugeait convenable de se rendre, de sa personne, au château de Ferrières, quartier général du roi de Prusse, et de tenter auprès de M. de Bismarck une démarche, en quelque sorte désespérée, en faveur de la paix.

La note suivante de M. Jules Favre, publiée au *Journal officiel* du jeudi 22 septembre, faisait sommairement connaître à la capitale le résultat négatif de cette démarche.

Paris, le 21 septembre.

Avant que le siége de Paris commençât, le ministre des

(1) *Journal officiel* du dimanche 18 septembre.
(2) L'investissement complet date du 19 septembre.

affaires étrangères a voulu connaître les intentions de la Prusse, jusque-là silencieuse.

Nous avions proclamé hautement les nôtres le lendemain de la révolution du 4 septembre.

Sans haine contre l'Allemagne, ayant toujours condamné la guerre que l'empereur lui a faite dans un intérêt exclusivement dynastique, nous avons dit : Arrêtons cette lutte barbare qui décime les peuples au profit de quelques ambitieux. Nous acceptons des conditions équitables. Nous ne cédons ni un pouce de notre territoire, ni une pierre de nos forteresses.

La Prusse répond à ces ouvertures en demandant à garder l'Alsace et la Lorraine par droit de conquête.

Elle ne consentirait même pas à consulter les populations; elle veut en disposer comme d'un troupeau.

Et quand elle est en présence de la convocation d'une assemblée qui constituera un pouvoir définitif et votera la paix ou la guerre, la Prusse demande, comme condition préalable d'un armistice, l'occupation des places assiégées, le fort du mont Valérien, et la garnison de Strasbourg prisonnière de guerre.

Que l'Europe soit juge!

Pour nous l'ennemi s'est dévoilé. Il nous place entre le devoir et le déshonneur; notre choix est fait.

Paris résistera jusqu'à là dernière extrémité. Les départements viendront à son secours, et, Dieu aidant, la France sera sauvée !

Dans le numéro du *Journal officiel* du lendemain vendredi 23 septembre, M. Jules Favre publiait le récit suivant de son entrevue avec M. de Bismarck :

RAPPORT

DU MINISTRE DES AFFAIRES ÉTRANGÈRES
AU GOUVERNEMENT DE LA DÉFENSE NATIONALE.

*A MM. les Membres du Gouvernement
de la défense nationale.*

MES CHERS COLLÈGUES,

L'union étroite de tous les citoyens, et particulièrement celle des membres du Gouvernement, est plus que jamais une nécessité de salut public. Chacun de nos actes doit la cimenter. Celui que je viens d'accomplir, de mon chef, m'était inspiré par ce sentiment ; il aura ce résultat. J'ai eu l'honneur de vous l'expliquer en détail ; cela ne suffit point. Nous sommes un Gouvernement de publicité. Si, à l'heure de l'exécution, le secret est indispensable, le fait, une fois consommé, doit être entouré de la plus grande lumière. Nous ne sommes quelque chose que par l'opinion de nos concitoyens ; il faut qu'elle nous juge à chaque heure, et pour nous juger elle a le droit de tout connaître.

J'ai cru qu'il était de mon devoir d'aller au quartier

général des armées ennemies ; j'y suis allé. Je vous a rendu compte de la mission que je m'étais imposée à moi-même ; je viens dire à mon pays les raisons qui m'on déterminé, le but que je me proposais, celui que je crois avoir atteint.

Je n'ai pas besoin de rappeler la politique inaugurée par nous, et que le ministre des affaires étrangères était plus particulièrement chargé de formuler. Nous sommes avant tout des hommes de paix et de liberté. Jusqu'au dernier moment nous nous sommes opposés à la guerre que le gouvernement impérial entreprenait dans un intérêt exclusivement dynastique, et, quand ce gouvernement est tombé, nous avons déclaré persévérer plus énergiquement que jamais dans la politique de la paix.

Cette déclaration, nous la faisions quand, par la criminelle folie d'un homme et de ses conseillers, nos armées étaient détruites ; notre glorieux Bazaine et ses vaillants soldats bloqués devant Metz ; Strasbourg, Toul, Phalsbourg, écrasés par les bombes ; l'ennemi victorieux en marche sur notre capitale. Jamais situation ne fut plus cruelle ; elle n'inspira cependant au pays aucune pensée de défaillance, et nous crûmes être son interprète fidèle en posant nettement cette condition : pas un pouce de notre territoire, pas une pierre de nos forteresses.

Si donc, à ce moment où venait de s'accomplir un fait aussi considérable que celui du renversement du promoteur de la guerre, la Prusse avait voulu traiter sur les bases d'une indemnité à déterminer, la paix était faite ; elle eût été accueillie comme un immense bienfait ; elle fût devenue un gage certain de réconciliation entre deux nations qu'une politique odieuse seule a fatalement divisées.

Nous espérions que l'humanité et l'intérêt bien entendus remporteraient cette victoire, belle entre toutes, car elle aurait ouvert une ère nouvelle, et les hommes d'État qui y auraient attaché leur nom auraient eu comme guides la philosophie, la raison, la justice ; comme récompense les bénédictions et la prospérité des peuples.

C'est avec ces idées que j'ai entrepris la tâche périlleuse que vous m'avez confiée. Je devais tout d'abord me rendre compte des dispositions des cabinets européens et chercher à me concilier leur appui. Le gouvernement impérial l'avait complétement oublié ou y avait échoué. Il s'est engagé dans la guerre sans une alliance, sans une négociation sérieuse ; tout, autour de lui, était hostilité ou indifférence ; il recueillait ainsi le fruit amer d'une politique blessante pour chaque État voisin par ses menaces ou ses prétentions.

A peine étions-nous à l'Hôtel-de-Ville qu'un diplomate, dont il n'est point encore important de révéler le nom, nous demandait à entrer en relations avec nous. Dès le lendemain, votre ministre recevait les représentants de toutes les puissances. La République des États-Unis, la République helvétique, l'Italie, l'Espagne, le Portugal, reconnaissaient officiellement la République française. Les autres gouvernements autorisaient leurs agents à entretenir avec nous des rapports officieux qui nous permettaient d'entrer de suite en pourparlers utiles.

Je donnerais à cet exposé, déjà trop étendu, un développement qu'il ne comporte pas, si je racontais avec détail la courte mais instructive histoire des négociations qui ont suivi. Je crois pouvoir affirmer qu'elle ne sera pas tout à fait sans valeur pour notre crédit moral.

Je me borne à dire que nous avons trouvé partout d'honorables sympathies. Mon but était de les grouper, et de déterminer les puissances signataires de la ligue des neutres à intervenir directement près de la Prusse en prenant pour base les conditions que j'avais posées. Quatre de ces puissances me l'ont offert, je leur en ai, au nom de mon pays, témoigné ma gratitude, mais je voulais le concours des autres. L'une m'a promis une action individuelle dont elle s'est réservé la liberté ; l'autre m'a proposé d'être mon intermédiaire près de la Prusse ; elle a même fait un pas de plus. Sur les instances de l'envoyé extraordinaire de la France, elle a bien voulu recommander directement mes démarches. J'ai demandé beaucoup plus, mais je n'ai refusé aucun concours, estimant que l'intérêt qu'on nous montrait était une force à ne pas négliger.

Cependant le temps marchait ; chaque heure rapprochait l'ennemi. En proie à de poignantes émotions, je m'étais promis à moi-même de ne pas laisser commencer le siége de Paris sans essayer une démarche suprême, fussé-je seul à la faire. L'intérêt n'a pas besoin d'en être démontré. La Prusse gardait le silence, et nul ne consentait à l'interroger. Cette situation était intenable ; elle permettait à notre ennemi de faire peser sur nous la responsabilité de la continuation de la lutte ; elle nous condamnait à nous taire sur ses intentions. Il fallait en sortir. Malgré ma répugnance, je me déterminai à user des bons offices qui m'étaient offerts, et, le 10 septembre, un télégramme parvenait à M. de Bismarck, lui demandant s'il voulait entrer en conversation sur des conditions de transaction. Une première réponse était une fin de non-recevoir tirée de l'irrégularité de notre gouvernement. Toutefois, le chancelier de la Confédération du Nord n'insista pas, et me fit demander quelles garanties nous présentions pour l'exécution d'un traité. Cette seconde difficulté levée pour moi, il fallait aller plus loin. On me proposa d'envoyer un courrier, ce que j'acceptai. En même temps on télégraphiait directement à M. de Bismarck, et le premier ministre de la puissance qui nous servait d'intermédiaire disait à notre envoyé extraordinaire que la France seule pouvait agir ; il ajoutait qu'il serait à désirer que je ne reculasse pas devant une démarche au quartier général. Notre envoyé, qui connaissait le fond de mon cœur, répondit que j'étais prêt à tous les sacrifices pour faire mon devoir ; qu'il y en avait peu d'aussi pénibles que d'aller au travers des lignes ennemies chercher notre vainqueur, mais qu'il supposait que je m'y résignerais. Deux jours après, le courrier revenait. Après mille obstacles, il avait vu le chancelier, qui lui avait dit être disposé volontiers à causer avec moi.

J'aurais voulu une réponse directe au télégramme de notre intermédiaire: elle se faisait attendre. L'investissement de Paris s'achevait. Il n'y avait plus à hésiter. Je me résolus de partir.

Seulement il m'importait que, pendant qu'elle s'accomplissait, cette démarche fût ignorée; je recommandai le secret, et j'ai été douloureusement surpris, en rentrant hier, d'apprendre qu'il n'a pas été gardé. Une indiscrétion coupable a été commise. Un journal, *l'Electeur libre,* déjà désavoué par le Gouvernement (1), en a profité; une enquête est ouverte, et j'espère pouvoir réprimer ce double abus.

J'avais poussé si loin le scrupule de la discrétion que je l'ai observée même vis-à-vis de vous, mes chers collègues. Je ne m'y suis pas résolu sans un vif déplaisir. Mais je connaissais votre patriotisme et votre affection; j'étais sûr d'être absous. Je croyais obéir à une nécessité impérieuse. Une première fois je vous avais entretenus des agitations de ma conscience, et je vous avais dit qu'elle ne serait en repos que lorsque j'aurais fait tout ce qui était humainement possible pour arrêter honorablement cette abominable guerre. Me rappelant la conversation provoquée par cette ouverture, je redoutais des objections, et j'étais décidé; d'ailleurs je voulais, en

(1) Journal dirigé par M. Arthur Picard, frère de M. Ernest Picard, ministre des finances.

abordant M. de Bismarck, être libre de tout engagement, afin d'avoir le droit de n'en prendre aucun. Je vous fais ces aveux sincères; je les fais au pays pour écarter de vous une responsabilité que j'assume seul. Si ma démarche est une faute, seul j'en dois porter la peine.

J'avais cependant averti M. le ministre de la guerre, qui avait bien voulu me donner un officier pour me conduire aux avant-postes. Nous ignorions la situation du quartier général. On le supposait à Grosbois. Nous nous acheminâmes vers l'ennemi par la porte de Charenton.

Je supprime tous les détails de ce douloureux voyage, pleins d'intérêt cependant, mais qui ne seraient point ici à leur place. Conduit à Villeneuve-Saint-Georges, où se trouvait le général en chef commandant le 6e corps, j'appris assez tard dans l'après-midi que le quartier général était à Meaux. Le général, des procédés duquel je n'ai qu'à me louer, me proposa d'y envoyer un officier porteur de la lettre suivante, que j'avais préparée pour M. de Bismarck.

« Monsieur le Comte,

« J'ai toujours cru qu'avant d'engager sérieusement les hostilités sous les murs de Paris, il était impossible qu'une transaction honorable ne fût pas essayée. La personne qui a eu l'honneur de voir Votre Excellence, il y a deux jours, m'a dit avoir recueili de sa bouche l'expression d'un désir analogue. Je suis venu aux avantpostes me mettre à la disposition de Votre Excellence. J'attends qu'elle veuille bien me faire savoir comment et où je pourrai avoir l'honneur de conférer quelques instants avec elle.

« J'ai l'honneur d'être, avec une haute considération,

« De Votre Excellence

« Le très-humble et très-obéissant serviteur,

« JULES FAVRE. »

18 septembre 1870.

Nous étions séparés par une distance de 48 kilomètres. Le lendemain matin, à six heures, je recevais la réponse que je transcris :

« Meaux, 18 septembre 1870.

« Je viens de recevoir la lettre que Votre Excellence a eu l'obligeance de m'écrire, et ce me sera extrêmement agréable si vous voulez bien me faire l'honneur de venir me voir, demain, ici à Meaux.

« Le porteur de la présente, le prince Biren, veillera à ce que Votre Excellence soit guidée à travers nos lignes.

« J'ai l'honneur d'être, avec la plus haute considération, de Votre Excellence le très-obéissant serviteur,

« DE BISMARCK. »

A neuf heures l'escorte était prête, et je partais avec elle. Arrivé près de Meaux vers trois heures de l'après-midi, j'étais arrêté par un aide de camp venant m'annoncer que le Comte avait quitté Meaux avec le roi pour aller coucher à Ferrières (1). Nous nous étions croisés; en revenant l'un et l'autre sur nos pas, nous devions nous rencontrer.

Je rebroussai chemin, et descendis dans la cour d'une ferme entièrement saccagée, comme presque toutes les maisons que j'ai vues sur ma route. Au bout d'une heure, M. de Bismarck m'y rejoignait. Il nous était difficile de causer dans un tel lieu. Une habitation, le château de la Haute-Maison, appartenant à M. le comte de Rillac, était à notre proximité; nous nous y rendîmes. Et la conversation s'engagea dans un salon où gisaient en désordre des débris de toute nature.

Cette conversation, je voudrais vous la rapporter tout entière, telle que le lendemain je l'ai dictée à un secrétaire. Chaque détail y a son importance. Je ne puis ici que l'analyser.

J'ai tout d'abord précisé le but de ma démarche. Ayant fait connaître par ma circulaire les intentions du Gouvernement français. je voulais savoir celles du premier ministre prussien. Il me semblait inadmissible que deux nations continuassent, sans s'expliquer préalablement, une guerre terrible, qui, malgré ses avantages, infligeait

(1) Dans le magnifique château du baron de Rothschild.

3.

au vainqueur des souffrances profondes. Née du pouvoir d'un seul, cette guerre n'avait plus de raison d'être quand la France redevenait maîtresse d'elle-même ; je me portais garant de son amour pour la paix, en même temps que de sa résolution inébranlable de n'accepter aucune condition qui ferait de cette paix une courte et menaçante trêve.

M. de Bismarck m'a répondu que, s'il avait la conviction qu'une pareille paix fût possible, il la signerait tout de suite. Il a « reconnu que l'opposition avait toujours condamné la guerre. Mais le pouvoir que représente aujourd'hui cette opposition est plus que précaire. Si, dans quelques jours, Paris n'est pas pris, il sera renversé par la populace... »

Je l'ai interrompu vivement pour lui dire que nous n'avions pas de populace à Paris, mais une population intelligente, dévouée, qui connaissait nos intentions, et qui ne se ferait pas complice de l'ennemi en entravant notre mission de défense. Quant à notre pouvoir, nous étions prêts à le déposer entre les mains de l'assemblée déjà convoquée par nous.

« Cette assemblée, a repris le Comte, aura des desseins que rien ne peut nous faire pressentir. Mais, si elle obéit au sentiment français, elle voudra la guerre. Vous n'oublierez pas plus la capitulation de Sedan que Waterloo, que Sadowa, qui ne vous regardait pas. » Puis il a insisté longuement sur la volonté bien arrêtée de la nation française d'attaquer l'Allemagne et de lui enlever une partie de son territoire. Depuis Louis XIV jusqu'à Napoléon III, ses tendances n'ont pas changé, et, quand la guerre a été annoncée, le Corps législatif a couvert les paroles du ministre d'acclamations.

Je lui ai fait observer que la majorité du Corps législatif avait quelques semaines avant acclamé la paix ; que cette majorité, choisie par le prince, s'est malheureusement crue obligée de lui céder aveuglément, mais que, consultée deux fois, aux élections de 1869 et au vote du plébiscite, la nation avait énergiquement adhéré à une politique de paix et de liberté.

La conversation s'est prolongée sur ce sujet, le Comte maintenant son opinion, alors que je défendais la mienne ; et comme je le pressais vivement sur ses conditions, il m'a répondu nettement que la sécurité de son pays lui commandait de garder le territoire qui la garantissait. Il m'a répété plusieurs fois : « Strasbourg est la clé de la maison, je dois l'avoir. » — Je l'ai invité à être plus explicite encore : — « C'est inutile, objectait-il, puisque nous ne pouvons nous entendre, c'est une affaire à régler plus tard. » — Je l'ai prié de le faire tout de suite ; il m'a dit alors que les deux départements du Bas et du Haut-Rhin, une partie de celui de la Moselle avec Metz, Château-Salins et Soissons, lui étaient indispensables, et qu'il ne pouvait y renoncer.

Je lui ai fait observer que l'assentiment des peuples dont il disposait ainsi était plus que douteux, et que le droit public européen ne lui permettait pas de s'en passer,

— « Si fait, m'a-t-il répondu. Je sais fort bien qu'ils ne veulent pas de nous. Ils nous imposeront une rude corvée ; mais nous ne pouvons pas ne pas les prendre. Je suis sûr que dans un temps prochain nous aurons une nouvelle guerre avec vous. Nous voulons la faire avec tous nos avantages. »

Je me suis récrié, comme je le devais, contre de telles solutions. J'ai dit qu'on me paraissait oublier deux éléments importants de discussion : l'Europe, d'abord, qui pourrait bien trouver ces prétentions exorbitantes et y mettre obstacle ; le droit nouveau ensuite, le progrès des mœurs, entièrement antipathique à de telles exigences. J'ai ajouté que, quant à nous, nous ne les accepterions jamais. Nous pouvions périr comme nation, mais non nous déshonorer. D'ailleurs, le pays seul était compétent pour prononcer sur une cession territoriale. Nous ne doutons pas de son sentiment, mais nous voulons le consulter. C'est donc vis-à-vis de lui que se trouve la Prusse ; et, pour être net, il est clair qu'entraînée par l'enivrement de la victoire, elle veut la destruction de la France.

Le Comte a protesté, se retranchant toujours derrière des nécessités absolues de garantie nationale. J'ai poursuivi : « Si ce n'est pas de votre part un abus de la force, cachant de secrets desseins, laissez-nous réunir l'assemblée : nous lui remettrons nos pouvoirs ; elle nommera un Gouvernement définitif qui appréciera vos conditions.

— Pour l'exécution de ce plan, m'a répondu le

Comte, il faudrait un armistice, et je n'en veux à aucun prix. »

La conversation prenait une tournure de plus en plus pénible. Le soir venait. Je demandai à M. de Bismarck un second entretien à Ferrières, où il allait coucher, et nous partîmes chacun de notre côté.

Voulant remplir ma mission jusqu'au bout, je devais revenir sur plusieurs des questions que nous avions traitées, et conclure. Aussi, en abordant le Comte vers neuf heures et demie du soir, je lui fis observer que, les renseignements que j'étais venu chercher près de lui étant destinés à être communiqués à mon Gouvernement et au public, je résumerais, en terminant, notre conversation, pour n'en publier que ce qui serait bien arrêté entre nous. — « Ne prenez pas cette peine, me répondit-il, je vous la livre tout entière, je ne vois aucun inconvénient à sa divulgation. » Nous reprîmes alors la discussion, qui se prolongea jusqu'à minuit. J'insistai particulièrement sur la nécessité de convoquer une assemblée. Le Comte parut se laisser peu à peu convaincre et revint à l'armistice. Je demandais quinze jours. Nous discutâmes les conditions. Il ne s'en expliqua que d'une manière très-incomplète, se réservant de consulter le roi. En conséquence, il m'ajourna au lendemain onze heures.

Je n'ai plus qu'un mot à dire : car, en reproduisant ce douloureux récit, mon cœur est agité de toutes les émotions qui l'ont torturé pendant ces trois mortelles journées, et j'ai hâte de finir. J'étais au château de Ferrières à onze heures. Le Comte sortit de chez lui à midi moins le quart, et j'entendis de lui les conditions qu'il mettait à l'armistice; elles étaient consignées dans un texte écrit en langue allemande, et dont il m'a donné communication verbale.

Il demandait pour gage l'occupation de Strasbourg, de Toul et de Phalsbourg, et comme, sur sa demande, j'avais dit la veille que l'assemblée devait être réunie à Paris, il voulait, dans ce cas, avoir un fort dominant la ville...., celui du mont Valérien, par exemple.

Je l'ai interrompu pour lui dire : « Il est bien plus simple de nous demander Paris. Comment voulez-vous admettre qu'une assemblée française délibère sous votre canon ? J'ai eu l'honneur de vous dire que je transmettrais fidèlement notre entretien au Gouvernement; je ne sais vraiment si j'oserai lui dire que vous m'avez fait une telle proposition.

— Cherchons une autre combinaison », m'a-t-il répondu. Je lui ai parlé de la réunion de l'Assemblée à Tours, en ne prenant aucun gage du côté de Paris.

Il m'a proposé d'en parler au roi, et, revenant sur l'occupation de Strasbourg, il a ajouté : « La ville va tomber entre nos mains, ce n'est plus qu'une affaire de calcul d'ingénieur. Aussi je vous demande que la garnison se rende prisonnière de guerre. »

A ces mots j'ai bondi de douleur, et, me levant, je me suis écrié : « Vous oubliez que vous parlez à un Français, Monsieur le comte : sacrifier une garnison héroïque qui fait notre admiration et celle du monde serait une lâcheté; — et je ne vous promets pas de dire que vous m'avez posé une telle condition. »

Le Comte m'a répondu qu'il n'avait pas l'intention de me blesser, qu'il se conformait aux lois de la guerre, qu'au surplus, si le roi y consentait, cet article pourrait être modifié.

Il est rentré au bout d'un quart d'heure. Le roi acceptait la combinaison de Tours, mais insistait pour que la garnison de Strasbourg fût prisonnière.

J'étais à bout de forces et craignis un instant de défaillir. Je me retournais pour dévorer les larmes qui m'étouffaient, et, m'excusant de cette faiblesse involontaire, e prenais congé par ces simples paroles :

« Je me suis trompé, monsieur le comte, en venant ci; je ne m'en repens pas, j'ai assez souffert pour m'excuser à mes propres yeux ; d'ailleurs je n'ai cédé qu'au sentiment de mon devoir. Je reporterai à mon Gouvernement tout ce que vous m'avez dit, et, s'il juge à propos de me renvoyer près de vous, quelque cruelle que soit cette démarche, j'aurai l'honneur de revenir. Je vous suis reconnaissant de la bienveillance que vous m'avez témoignée, mais je crains qu'il n'y ait plus qu'à laisser les événements s'accomplir. La population de Paris est courageuse et résolue aux derniers sacrifices ; son héroïsme peut changer le cours des événements. Si vous avez l'honneur de la vaincre, vous ne la soumettrez pas. La nation tout entière est dans les mêmes sentiments.

Tant que nous trouverons en elle un élément de résistance, nous vous combattrons. C'est une lutte indéfinie entre deux peuples qui devraient se tendre la main. J'avais espéré une autre solution. Je pars bien malheureux, et néanmoins plein d'espoir. »

Je n'ajoute rien à ce récit, trop éloquent par lui-même. Il me permet de conclure, et de vous dire quelle est, à mon sens, la portée de ces entrevues. Je cherchais la paix, j'ai rencontré une volonté inflexible de conquête et de guerre Je demandais la possibilité d'interroger la France représentée par une assemblée librement élue, on m'a répondu en me montrant les fourches caudines sous lesquelles elle doit préalablement passer. Je ne récrimine point. Je me borne à constater les faits, à les signaler à mon pays et à l'Europe J'ai voulu ardemment la paix, je ne m'en cache pas, et, en voyant pendant trois jours la misère de nos campages infortunées, je sentais grandir en moi cet amour avec une telle violence que j'étais forcé d'appeler tout mon courage à mon aide pour ne pas faillir à ma tâche. J'ai désiré non moins vivement un armistice, je l'avoue encore, je l'ai désiré pour que la nation pût être consultée sur la redoutable question que la fatalité pose devant nous.

Vous connaissez maintenant les conditions préalables qu'on prétend nous faire subir. Comme moi, et sans discussion, vous avez été unanimement d'avis qu'il fallait en repousser l'humiliation. J'ai la conviction profonde que, malgré les souffrances qu'elle endure et celles qu'elle prévoit, la France indignée partage notre résolution, et c'est de son cœur que j'ai cru m'inspirer en écrivant à M. de Bismarck la dépêche suivante, qui clôt cette négociation :

« MONSIEUR LE COMTE,

« J'ai exposé fidèlement à mes collègues du Gouvernement de la défense nationale la déclaration que Votre Excellence a bien voulu me faire. J'ai le regret de faire connaître à Votre Excellence que le Gouvernement n'a pu admettre vos propositions. Il accepterait un armistice ayant pour objet l'élection et la réunion d'une Assemblée nationale. Mais il ne peut souscrire aux conditions auxquelles Votre Excellence le subordonne. Quant à moi, j'ai la conscience d'avoir tout fait pour que l'effusion du sang cessât, et que la paix fût rendue à nos deux nations, pour lesquelles elle serait un grand bienfait. Je ne m'arrête qu'en face d'un devoir impérieux, m'ordonnant de ne pas sacrifier l'honneur de mon pays déterminé à résister énergiquement. Je m'associe sans réserve à son vœu ainsi qu'à celui de mes collègues. Dieu, qui nous juge, décidera de nos destinées. J'ai foi dans sa justice.

« J'ai l'honneur d'être, monsieur le comte,
« De Votre Excellence
« Le très-humble et très-obéissant serviteur.

« JULES FAVRE. »

21 septembre 1870

J'ai fini, mes chers collègues, et vous penserez comme moi que, si j'ai échoué, ma mission n'aura pas été cependant tout à fait inutile. Elle a prouvé que nous n'avons pas dévié. Comme les premiers jours, nous maudissons une guerre par nous condamnée à l'avance; comme les premiers jours aussi, nous l'acceptons plutôt que de nous déshonorer. Nous avons fait plus : nous avons tué l'équivoque dans laquelle la Prusse s'enfermait, et que l'Europe ne nous aidait pas à dissiper.

En entrant sur notre sol, elle a donné au monde sa parole qu'elle attaquait Napoléon et ses soldats, mais qu'elle respectait la nation. Nous savons aujourd'hui ce qu'il faut en penser. La Prusse exige trois de nos départements, deux villes fortes, l'une de cent, l'autre de soixante-quinze mille âmes, huit à dix autres également fortifiées. Elle sait que les populations qu'elle veut nous ravir la repoussent, elle s'en saisit néanmoins, opposant le tranchant de son sabre aux protestations de leur liberté civique et de leur dignité morale.

A la nation qui demande la faculté de se consulter elle-même elle propose la garantie de ses obusiers établis au mont Valérien et protégeant la salle des séances où nos députés voteront. Voilà ce que nous savons, et ce qu'on m'a autorisé à vous dire. Que le pays nous entende et qu'il se lève, ou pour nous désavouer quand nous lui conseillons de résister à outrance, ou pour subir avec nous cette dernière et décisive épreuve. Paris y est résolu.

Les départements s'organisent et vont venir à son secours. Le dernier mot n'est pas dit dans cette lutte où maintenant la force se rue contre le droit. Il dépend de notre constance qu'il appartienne à la justice et à la liberté.

Agréez, mes chers collègues, le fraternel hommage de mon inaltérable dévouement.

> *Le vice-président du Gouvernement de la défense nationale, ministre des affaires étrangères.*
>
> JULES FAVRE.

Paris, ce 21 septembre 1870.

———

De son côté, M. le comte de Bismarck répondait, quelques jours après, à ce rapport de M. Jules Favre, par une circulaire adressée aux agents diplomatiques de la Confédération du Nord accrédités auprès des gouvernements étrangers. Cette circulaire, publiée pour la première fois dans le *North German correspondant*, était ainsi conçue :

Ferrières, 27 septembre 1870.

MONSIEUR,

Le rapport adressé par M. Jules Favre à ses collègues, le 21 courant, relativement à l'entretien qu'il a eu avec moi, m'engage à faire à Votre Excellence une communication qui vous permettra de donner une idée exacte de la marche de ces entretiens. Il faut avouer qu'en général M. Favre s'est efforcé de faire un récit exact de ce qui s'est passé entre nous. S'il n'y a pas toujours entièrement réussi, il faut l'attribuer à la longueur de notre conférence et aux circonstances particulières dans lesquelles elle a eu lieu. Je dois pourtant élever des objections à la tendance générale de son exposé, et insister sur ce fait que le sujet principal que nous avions à discuter n'était point celui de la conclusion d'un traité de paix, mais celui d'un armistice qui devait précéder ce traité. Relativement aux demandes que nous devions faire avant de signer un traité de paix définitif, j'ai déclaré expressément à M. Jules Favre que je me refusais à entamer le sujet de la nouvelle frontière réclamée par nous jusqu'à ce que le principe d'une cession de territoire eût été ouvertement reconnu par la France. Comme conséquence de cette déclaration, la formation d'un nouveau département de la Moselle, contenant les circonscriptions de Sarrebourg, Château-Salins, Sarreguemines, Metz et Thionville, fut mentionnée par moi comme un arrangement conforme à nos intentions ; mais, en même temps, je n'ai nullement renoncé à notre droit de faire de nouvelles stipulations, dans un traité de paix, proportionnées aux sacrifices qui nous seraient imposées par la prolongation de la guerre.

Strasbourg, place désignée par M. Favre comme « *clef*

de maison », expression qui laissait toujours douter si la France était la maison en question, fut expressément déclarée par moi être « *la clef de notre maison* », que nous ne désirions pas laisser, par conséquent, entre des mains étrangères.

Notre première conversation au château de la Haute-Maison, près Montry, ne dépassa pas les limites d'une discussion académique sur le présent et le passé, dont la substance s'est trouvée renfermée dans la déclaration de M. Jules Favre qu'il était prêt à nous céder « *tout l'argent que nous avons* », tandis qu'il se refusait à admettre l'idée d'une cession de territoire. Quand j'ai parlé d'une cession comme étant tout à fait indispensable, il a déclaré que les négociations de paix n'auraient aucune chance de succès, et a soutenu que céder une portion quelconque du territoire serait humiliant et déshonorant pour la France. Je n'ai pu le convaincre que des conditions que la France avait imposées à l'Italie et demandées à l'Allemagne, sans avoir été en guerre avec l'un ou l'autre de ces pays (conditions que la France nous aurait imposées à nous si nous avions été vaincus, et qui ont été la conséquence inévitable de presque toutes les guerres, même dans les temps modernes), ne sauraient être honteuses pour un pays ayant succombé après une courageuse résistance, et j'ai ajouté que l'honneur de la France ne différait pas essentiellement de celui des autres nations. Je n'ai pu réussir non plus à persuader à M. Favre que la restitution de Strasbourg n'impliquait pas davatange un déshonneur à la France que la cession de Landau et de Sarrelouis, et que les conquêtes violentes et injustes de Louis XIV n'étaient pas plus étroitement liées à l'honneur de la France que celles de la première République ou celles du premier Empire.

Notre conférence prit un tour plus pratique à Ferrières, où nous avons discuté exclusivement la question d'un armistice, fait qui réfute l'allégation d'après laquelle j'aurais déclaré que je n'acceptais un armistice dans aucune circonstance. La manière dont M. Jules Favre me fait dire relativement à cette question et à d'autres : « Il faudrait un armistice, et je n'en veux à aucun prix », et autres choses analogues, me forcent à rectifier ces assertions, et à ajouter que, dans des conversations pareilles, je ne me suis jamais servi et je ne me sers jamais d'une locution indiquant que *moi* je *désire* personnellement, *exige* ou *approuve* quoi que ce soit. Je parle toujours des intentions et des demandes du gouvernement dont je suis le représentant.

Dans cette conversation, les deux parties ont convenu de considérer la nécessité de donner à la nation française une occasion de choisir des représentants, qui seuls seraient en position d'accorder au Gouvernement actuel les pouvoirs suffisants pour lui permettre de conclure une paix sanctionnée par le droit international, comme motif d'un armistice. J'ai appelé l'attention sur le fait qu'un armistice était toujours un désavantage militaire pour une armée engagée dans une marche victorieuse ; que dans le cas actuel c'est un gain des plus importants en fait de temps pour la défense de la France et la réorganisation de son armée, et que, par conséquent, nous ne pouvions accorder un armistice si on ne nous offrait pas des avantages militaires équivalents. A ce propos, j'ai mentionné la reddition des forteresses qui empêchaient nos communications avec l'Allemagne, car, une trêve devant prolonger la période pendant laquelle nous devions alimenter notre armée, des concessions pour faciliter le transport des vivres devaient en être les conditions préliminaires. Strasbourg, Toul et d'autres places de moindre importance formèrent le sujet de cette discussion. En ce qui concerne Strasbourg, j'ai fait remarquer que, les glacis ayant été entamés, la prise de la ville ne pouvait tarder, et que nous pensions que la situation militaire rendrait la reddition de la garnison nécessaire, tandis que l'on permettrait à ceux qui gardaient les autres places d'en sortir avec les honneurs de la guerre.

Une autre question difficile se rapportait à Paris. Comme nous avions entièrement cerné la ville, nous ne pouvions permettre l'entrée de nouveaux approvisionnements qu'à la condition qu'ils n'affaibliraient pas notre position militaire et ne prolongeraient pas le temps nécessaire pour réduire la ville par la famine. Après avoir consulté les autorités militaires, j'ai offert, par ordre de S. M. le roi, les alternatives suivantes relativement à Paris :

Ou la position de Paris doit nous être concédée par

la reddition d'une partie dominante de la défense, et, dans ce cas, nous sommes prêts à permettre la libre communication avec Paris, et à ne pas empêcher l'alimentation de la ville;

Ou on pourrait *ne pas* nous concéder la position devant Paris; mais, dans ce cas, nous ne pourrions consentir à abandonner l'investissement, et nous devrions insister sur la continuation du *statu quo* militaire devant cette ville, puisque autrement nous nous trouverions en face de Paris approvisionné de nouveau en armes et en vivres.

M. Favre a expressément rejeté la première alternative, relative à la reddition d'une partie des défenses de Paris, ainsi que la condition de garder comme prisonnière de guerre la garnison de Strasbourg. Il a promis de consulter ses collègues sur la seconde alternative, relative au maintien du *statu quo* militaire devant Paris. Le programme que M. Favre a rapporté avec lui à Paris comme le résultat de nos conversations, et qui a été discuté, ne contient donc rien au sujet des termes d'une paix future, mais seulement au sujet de l'accord d'un armistice de quinze jours ou de trois semaines pour préparer les voies à l'élection d'une Assemblée nationale dans les conditions suivantes :

1° La continuation du *statu quo* dans ou devant Paris;

2° La continuation des hostilités à Metz et autour de Metz dans un certain rayon dont l'étendue sera déterminée;

3° La reddition de Strasbourg, dont la garnison deviendrait prisonnière de guerre, et celle de Toul et de Bitche, dont on permettrait aux garnisons de sortir avec les honneurs de la guerre.

Je crois que notre conviction que nous avons fait des offres très-conciliantes sera partagée par tous les cabinets neutres.

Si le Gouvernement français s'est décidé à ne pas profiter de l'occasion présentée de procéder à l'élection d'une Assemblée nationale, même dans les parties de la France occupées par nous, cela démontre sa résolution de ne pas se débarrasser des difficultés qui empêchent la conclusion d'une paix conforme au droit international et à ne pas écouter l'opinion publique du peuple français. Des élections libres et générales tendraient à des résultats favorables à la paix. Telle est la conviction qui s'impose à nous, et qui n'a pu échapper à l'attention de ceux qui exercent le pouvoir à Paris.

Je prends la liberté de prier Votre Excellence de porter la présente circulaire à la connaissance du gouvernement auprès duquel elle est accréditée (1).

DE BISMARCK

(1) *Journal officiel* du mardi 18 octobre.

Enfin, le 17 octobre, M. Jules Favre répondait à son tour (1) à ce dernier document par la circulaire suivante, adressée à nos divers agents diplomatiques :

MONSIEUR,

Je ne sais quand cette dépêche vous parviendra. Depuis trente jours Paris est investi, et sa ferme résolution de résister jusqu'à ce qu'il ait obtenu la victoire peut prolonger quelque temps encore la situation violente qui le sépare du reste du monde. Néanmoins, je n'ai pas voulu retarder d'un jour la réponse que mérite le rapport rédigé par M. le comte de Bismarck sur l'entrevue de Ferrières ; je constate d'abord qu'il confirme en tous points mon récit, sauf en ce qui concerne un échange d'idées sur les conditions de la paix, qui, suivant M. de Bismarck, n'auraient pas été débattues entre nous.

J'ai reconnu que sur ce sujet le chancelier de la Confédération du Nord m'avait opposé dès les premiers mots une sorte de fin de non-recevoir tirée de ma déclaration absolue : « que je ne consentirais à aucune cession de territoire » ; mais mon interlocuteur ne peut avoir oublié que, sur mon insistance, il s'expliqua catégoriquement, et mentionna, pour le cas où le principe de la cession ter-

(1) *Journal officiel* du mardi 18 octobre.

ritoriale serait admis, les conditions que j'ai énumérées dans mon rapport : l'abandon par la France de Strasbourg avec l'Alsace entière, de Metz et d'une partie de la Lorraine.

Le chancelier fait observer que ces conditions peuvent être aggravées par la continuation de la guerre. Il me l'a, en effet, déclaré, et je le remercie de vouloir bien le mentionner lui-même. Il est bon que la France sache jusqu'où va l'ambition de la Prusse ; elle ne s'arrête pas à la conquête de deux de nos provinces, elle poursuit froidement l'œuvre systématique de notre anéantissement. Après avoir solennellememt annoncé au monde par la bouche de son roi (1) qu'elle n'en voulait qu'à Napoléon et à ses soldats, elle s'acharne à détruire le peuple français. Elle ravage son sol, incendie ses villages, accable ses habitants de réquisitions, les fusille quand ils ne peuvent satisfaire à ses exigences, et met toutes les ressources de la science au service d'une guerre d'extermination.

La France n'a donc pas d'illusion à conserver. Il s'agit pour elle d'être ou de n'être pas. En lui proposant la paix au prix de trois départements qui lui sont unis par une étroite affection, on lui offrait le déshonneur. Elle l'a repoussé. On prétend la punir par la mort. Voilà la situation bien nette.

---

(1) Dans une proclamation, au début de la guerre, le roi Guillaume disait explicitement « qu'il ne faisait pas la guerre à la nation française, mais seulement à Napoléon III et à ses troupes »

Vainement lui dit-on : Il n'y a pas de honte à être vaincu, encore moins à subir les sacrifices imposés par la défaite. Vainement ajoute-t-on encore que la Prusse peut reprendre les conquêtes violentes et injustes de Louis XIV. De telles objections sont sans portée, et l'on peut s'étonner d'avoir à y répondre.

La France ne cherche pas une impuissante consolation dans l'explication trop facile des causes qui ont entraîné son échec. Elle accepte ses malheurs et ne les discute pas avec son ennemi. Le jour où il lui a été donné de reprendre la direction de ses destinées, elle a loyalement offert une réparation. Seulement, cette réparation ne pouvait être une cession de territoire. Pourquoi? parce que c'était un amoindrissement? Non : parce que c'était une violation de la justice et du droit, dont le chancelier de la Confédération du Nord ne semble tenir aucun compte. Il nous renvoie aux conquêtes de Louis XIV. Veut-il revenir au *statu quo* qui les a immédiatement précédées? Veut-il réduire son maître à la couronne ducale placée sous la suzeraineté des rois de Pologne? Si, dans la transformation que l'Europe a subie, la Prusse est devenue d'un État insignifiant une puissante monarchie, n'est-ce pas à la conquête qu'elle le doit? Mais avec les deux siècles qui ont favorisé cette vaste recomposition s'est opéré un changement plus profond et d'un ordre plus élevé que celui qui déterminait jusqu'ici les morcellements de territoire. Le droit humain est sorti des régions abstraites de la philosophie. Il tend de plus en plus à prendre possession du monde, et c'est lui que la Prusse foule aux pieds quand elle essaye de nous arracher deux provinces en reconnaissant que les populations repoussent énergiquement sa domination.

A cet égard, rien ne précise mieux sa doctrine que ce mot rappelé par le chancelier de la Confédération du Nord : « Strasbourg est la clé de notre maison. » C'est donc comme propriétaire que la Prusse stipule, et cette propriété, elle l'applique à des créatures humaines, dont elle supprime par ce fait la liberté morale et la dignité individuelle. Or, c'est précisément le respect de cette liberté, de cette dignité, qui interdit à la France de consentir à l'abandon qu'on lui demande. Elle peut subir l'abus de la force, elle n'y ajoutera pas l'abaissement de sa volonté.

J'ai eu le tort de ne pas faire sur ce point suffisamment comprendre ma pensée quand j'ai dit, ce que je maintiens, que nous ne pouvons sans déshonneur céder l'Alsace et la Lorraine. J'ai caractérisé par là non l'acte imposé au vaincu, mais la faiblesse d'un complice qui donnerait la main à l'oppresseur et consommerait une iniquité pour se racheter lui-même. M. le comte de Bismarck ne trouvera pas un Français digne de ce nom qui pense et agisse autrement que moi.

Et c'est aussi pourquoi je ne puis reconnaître qu'une proposition d'armistice sérieusement acceptable nous ait été faite. Je désirais avec ardeur qu'un moyen honorable nous fût offert de suspendre les hostilités et de convoquer une assemblée. Mais, j'en appelle à tous les hommes impartiaux, le Gouvernement pouvait-il accéder au compromis qui lui était proposé ? L'armistice n'eût été qu'une dérision s'il n'avait rendu possibles de libres élections. Or, on ne lui donnait qu'une durée effective de quarante-huit heures. Pendant le surplus de la période de quinze jours ou trois semaines, la Prusse se réservait la continuation des hostilités, en sorte que l'assemblée eût délibéré sur la paix et la guerre pendant la bataille qui aurait décidé du sort de Paris. De plus, l'armistice ne s'étendait pas à Metz. Il excluait le ravitaillement et nous condamnait à consommer nos vivres pendant que l'armée assiégeante aurait largement vécu par le pillage de nos provinces. Enfin, l'Alsace et la Lorraine n'auraient pas nommé de députés, par la raison vraiment inouïe qu'il s'agissait de prononcer sur leur sort : la Prusse, ne leur reconnaissant pas ce droit, nous demandait de tenir la poignée du sabre avec lequel elle le tranche.

Voilà les conditions que le chancelier de la Confédération du Nord ne craint pas d'appeler « très-conciliantes », en nous accusant « de ne pas saisir l'occasion de convoquer une Assemblée nationale, témoignant ainsi notre résolution de ne pas nous débarrasser des difficultés qui empêchent la conclusion d'une paix conforme au droit national, et de ne pas écouter l'opinion publique du peuple français. »

Eh bien, nous acceptons devant notre pays comme devant l'histoire la responsabilité de notre refus. Ne pas l'opposer aux exigences de la Prusse eût été à nos yeux une trahison. J'ignore quelle destinée la fortune nous réserve. Mais, ce que je sens profondément, c'est qu'ayant à choisir entre la situation actuelle de la France et celle de la Prusse, c'est la première que j'ambitionnerais. J'aime mieux nos souffrances, nos périls, nos sacrifices, que l'inflexible et cruelle ambition de notre ennemi. J'ai la ferme confiance que la France sera victorieuse. Fût-elle vaincue, elle resterait encore si grande dans son malheur qu'elle demeurerait un objet d'admiration et de sympathie pour le monde entier. Là est sa force véritable, là sera peut-être sa vengeance.

Les cabinets européens, qui se sont bornés à de stériles témoignages de cordialité, le reconnaîtront un jour, mais il sera trop tard. Au lieu d'inaugurer la doctrine de haute médiation, conseillée par la justice et l'intérêt, ils autorisent, par leur inertie, la continuation d'une lutte barbare qui est un désastre pour tous, un outrage à la civilisation. Cette sanglante leçon ne sera pas perdue pour les peuples. Et qui sait? l'histoire nous enseigne que les régénérations humaines sont, par une loi mystérieuse, étroitement liées à d'ineffables malheurs. La France avait peut-être besoin d'une épreuve suprême. Elle en sera transfigurée, et son génie brillera d'un éclat d'autant plus vif qu'il l'aura soutenue et préservée de défaillances en face d'un puissant et implacable ennemi.

Lorsque vous pourrez, Monsieur, vous inspirer de ces réflexions dans vos rapports avec le représentant du gouvernement près duquel vous êtes accrédité, la fortune aura prononcé son arrêt. En voyant cette grande population de Paris, assiégée depuis un mois, si résolue, si calme, si unie, j'attends avec un cœur ferme et confiant l'heure de sa délivrance.

Recevez, etc.

JULES FAVRE.

Pendant que se passaient et se précipitaient les événements ayant donné lieu aux circulaires et rapports que nous venons de reproduire, M. Thiers, chargé, au lendemain même de la proclamation de la République, d'une mission spéciale par le Gouvernement du 4 septembre, s'était rendu successivement à Londres, à Saint-Pétersbourg, à Vienne et à Florence. L'illustre homme d'État devait surtout s'efforcer de faire reconnaître le Gouvernement républicain par les grandes puissances, en exposant et en soumettant à leur appréciation la situation nouvelle que les dernières circonstances venaient de faire à la France.

M. Thiers vit l'empereur Alexandre et l'empereur François-Joseph; il vit aussi, à Londres, les ministres de la reine, et à Florence, le roi Victor-Emmanuel lui-même. Accueilli partout avec la respectueuse déférence due à sa haute personnalité, M. Thiers revint en France à la fin du mois d'octobre, rapportant avec lui plus que des espérances, plus même que des promesses. En effet, à peine était-il arrivé à Tours, qu'il demandait, d'accord avec son gouvernement, et obtenait, grâce à l'appui des quatre grandes puissances, une audience de M. de Bismarck et du roi Guillaume. S'étant rendu à Versailles, il exposa en termes chaleureux au premier ministre, puis au roi lui-même, la situation et les désirs de son pays, et il leur soumit, au nom des mêmes grandes puissances, la proposition d'un armistice. Cet armistice, s'il était accepté, devait permettre à la France d'élire des députés et de constituer un gouvernement plus régulier qui, représentant le pays tout entier, pût avec une incontestable autorité traiter définitivement de la conclusion de la paix, ou décider la continuation de la guerre.

Les diverses conditions de cet armistice, ayant été successivement examinées et débattues, furent accordées en principe par le roi de Prusse, à l'exception d'une seule, la plus grave et en même temps la plus simple de toutes, la question du ravitaillement de la capitale, que le roi Guillaume refusa absolument d'admettre. Le Gouvernement de la défense nationale n'ayant pas cru, et avec raison, devoir céder sur ce point, les négociations furent aussitôt rompues, et, le dimanche 6 novembre, le *Journal officiel* annonçait aux habitants de Paris le résultat infructueux des démarches de M. Thiers.

Le surlendemain 8 novembre, M. le comte de Bismarck adressait, au sujet de la rupture des négociations, la circulaire suivante (1) aux agents diplomatiques de la Confédération du Nord accrédités auprès des divers gouvernements étrangers.

Versailles, le 8 novembre 1870

MONSIEUR,

Il est à votre connaissance que M. Thiers avait exprimé le désir de pouvoir se rendre, pour négocier, au quartier général, après qu'il se serait mis en communication avec les différents membres du Gouvernement de la défense nationale à Tours et à Paris. Sur l'ordre de

---

(1) Elle fut connue à Paris par la publication, au *Journal officiel* du 21 novembre, d'un numéro du journal prussien publié à Versailles sous ce titre : *Moniteur officiel du département de Seine-et-Oise*, dans lequel numéro M. de Bismarck avait fait insérer cette circulaire, traduite en français.

S. M. le roi, je me suis déclaré prêt à avoir cet entretien, et M. Thiers a obtenu de se rendre d abord, le 30
du mois dernier, à Paris, d'où il est revenu, le 31, au
quartier général.

Le fait qu'un homme d'État de l'importance de
M. Thiers, et ayant son expérience des affaires, eût
accepté les pleins pouvoirs du gouvernement parisien,
me faisait espérer que des propositions nous seraient
faites dont l'acceptation nous fût possible et aidât au
rétablissement de la paix. J'accueillis M. Thiers avec
les égards et la déférence auxquels sa personnalité émi-
nente, abstraction faite même de nos relations antérieu-
res, lui donnait pleinement le droit de prétendre.

M. Thiers déclara que la France, suivant le désir
des puissances neutres, était prête à conclure un armistice.

S. M. le roi, en présence de cette déclaration,
avait à considérer qu'un armistice entraîne nécessairement pour l'Allemagne tous les désavantages qui résul-
tent d'une prolongation de la campagne pour une armée
dont l'entretien repose sur des centres de ressources fort
éloignés. En outre, avec l'armistice, nous prenions l'obligation de faire rester stationnaires, dans les positions
qu'elle auraient eues au jour de la signature, les masses
de troupes allemandes rendues disponibles par la capitulation de Metz, et de renoncer ainsi à occuper de nouvelles portions du territoire ennemi, dont nous pouvons
actuellement nous rendre maîtres sans coup férir, ou du

moins en n'ayant à vaincre qu'une résistance peu sérieuse. Les armées allemandes n'ont pas à attendre dans les prochaines semaines un accroissement essentiel de leurs forces ; au contraire, la France, grâce à l'armistice, se serait assuré la possibilité de développer ses propres ressources, de compléter l'organisation des troupes déjà en formation, et, — si les hostilités devaient recommencer à l'expiration de l'armistice, — de nous opposer des corps de troupes capables de résistance, qui aujourd'hui encore n'existent pas.

Malgré ces considérations, le désir de faire le premier pas pour la paix prévalut chez S. M. le roi, et je fus autorisé à aller immédiatement au devant de ce que souhaitait M. Thiers en consentant à un armistice de vingt-cinq, ou même, comme il le désira plus tard, de vingt-huit jours, sur le pied du *statu quo* militaire pur et simple, à partir du jour de la signature. Je lui proposai qu'une ligne de démarcation à tracer arrêtât la situation des troupes allemandes et françaises telle que, de part et d'autre, elle serait au jour de la signature ; que durant quatre semaines les hostilités restassent suspendues ; que, pendant ce temps, fût élue et constituée une représentation nationale. Pour les Français, de cette suspension d'armes il ne devait résulter militairement, pendant la durée de l'armistice, que l'obligation de renoncer à de faibles sorties, toujours malheureuses, et à un gaspillage inutile et incompréhensible des munitions d'artillerie par le tir des forts.

« Relativement aux élections en Alsace, je pus déclarer que nous n'insisterions sur aucune stipulation qui dût, avant la conclusion de la paix, mettre en question que les départements allemands fissent partie de la France, et que nous ne demanderions pas compte à un de leurs habitants de ce qu'il eût figuré comme représentant de ses compatriotes dans une assemblée nationale française.

Je fus étonné lorsque le négociateur français rejeta ces propositions, qui étaient tout à l'avantage de la France, et déclara ne pouvoir accepter un armistice que si l'on y comprenait la faculté pour Paris de s'approvisionner sur une grande échelle. Je lui répondis que cette faculté contiendrait une concession militaire excédant à tel point le *statu quo* et toute exigence raisonnable, que je devais lui demander s'il était en situation de m'offrir un équivalent, et lequel. M. Thiers me répondit qu'il n'avait pas pouvoir de faire une contre-proposition militaire, et qu'il devait poser la question du ravitaillement de Paris, sans pouvoir offrir en compensation rien autre chose que le bon vouloir du gouvernement parisien pour mettre à même la nation française d'élire une représentation d'où vraisemblablement sortirait une autorité avec laquelle il nous serait possible de négocier la paix.

Dans cette situation, j'eus à soumettre au roi et à ses conseillers militaires le résultat de nos négociations.

S. M. le roi fut justement surpris des demandes militaires si excessives, et déçu dans ce qu'il avait attendu des négociations avec M. Thiers. L'incroyable exigence d'après laquelle nous aurions dû renoncer au fruit de tous les efforts faits depuis deux mois, à tous les avantages acquis par nous, et remettre les choses au point où elles étaient lorsque nous commençâmes à investir Paris, ne pouvait fournir qu'une nouvelle preuve qu'à Paris on cherchait les prétextes pour refuser à la France des élections, mais non pas une occasion de les faire sans empêchement.

D'après le désir que j'exprimai d'essayer encore, avant la continuation des hostilités, de s'entendre sur d'autres bases, M. Thiers eut le 5 de ce mois, aux avant-postes, un nouvel entretien avec les membres du Gouvernement de Paris, pour leur proposer ou un court armistice sur la base du *statu quo* ou la simple convocation des électeurs, sans armistice conclu par une convention, — auquel cas je pouvais promettre que nous accorderions toute liberté et toute facilité compatibles avec la sûreté militaire.

M. Thiers ne m'a point donné de détails sur son dernier entretien avec MM. Favre et Trochu; il n'a pu que me communiquer, comme résultat de cette conférence, l'instruction qu'il avait reçue de rompre les négociations et de quitter Versailles, puisqu'un armistice avec ravitaillement de Paris ne pouvait être obtenu.

Il est reparti pour Tours le 7 au matin.

Le cours des négociations n'a fait que me convaincre d'une chose, c'est que les membres du Gouver-

nement actuel en France, dès leur avènement au pouvoir, n'ont pas voulu sérieusement laisser l'opinion du
peuple français s'exprimer par la libre élection d'une
représentation nationale, qu'ils avaient tout aussi peu
l'intention d'arriver à conclure un armistice, et qu'ils
n'ont posé une condition dont l'inadmissibilité ne pouvait être mise en doute par eux que pour ne pas répondre par un refus aux puissances neutres, dont ils espè
rent l'appui.

Je vous prie de vouloir bien vous exprimer confor-
mément au contenu de cette dépêche, dont vous êtes
autorisé à donner lecture.

DE BISMARCK.

Le 21 du même mois, le ministre des affaires étrangères,
M. Jules Favre, répondit à ce document par la circulaire sui-
vante, transmise par ballon aux agents diplomatiques de la
France auprès des diverses puissances (1).

Paris, ce 21 novembre 1870.

MONSIEUR,

Vous avez eu certainement connaissance de la circulaire par laquelle M. le comte de Bismarck ex-

____

(1) *Journal officiel* du 22 novembre.

plique le refus opposé par la Prusse aux conditions de
ravitaillement proportionnel que comportait naturelle-
ment la proposition d'armistice émanée des puissances
neutres. Ce document rend une rectification d'autant
plus nécessaire que, par une préoccupation très-con-
forme d'ailleurs à toute sa politique antérieure, le représentant de la Prusse y a négligé des faits importants,
dont l'omission ne pourrait manquer d'induire l'opinion
publique en erreur. En lisant son travail, on doit croire
que M. Thiers a demandé au nom du Gouvernement de
la défense nationale l'ouverture d'une négociation, et
que la Prusse l'a acceptée par un sentiment d'égard pour
le caractère personnel de notre envoyé et par le désir
d'arriver, s'il était possible, à une conciliation. Le chancelier de la Confédération du Nord paraît oublier, et il
est indispensable de rappeler, que la proposition d'armistice sur laquelle M. Thiers est venu conférer appar-
tient aux puissances neutres, et que l'une d'elles a bien
voulu faire auprès de la Prusse la démarche qui a donné
à notre négociateur l'occasion d'entrer en pourparler. Ce
bon office n'était point un fait isolé. Dès le 20 octobre,
lord Granville (1) adressait à lord Loftus (2) une dépêche
communiquée au cabinet de Berlin, et dans laquelle il
exposait avec une grande autorité les raisons d'intérêt
européen qui devaient amener la cessation de la guerre.

(1) Ministre des affaires étrangères à Londres.
(2) Ambassadeur d'Angleterre à Berlin.

Parlant de la continuation du siége et de l'éventualité
de la prise de Paris, le chef du Foreign Office disait :
« Il n'est pas déraisonnable de mettre dans la balance
« les avantages et les désavantages qui accompagneront
« un tel fait ; et ces désavantages touchent tellement aux
« sentiments de l'humanité que le Gouvernement de la
« Reine se croit obligé de les signaler au Roi et à ses
« ministres. Le souvenir amer des trois derniers mois
« peut être un jour effacé par le temps et par le senti-
« ment de la bravoure de l'ennemi sur les champs de
« bataille. Mais il y a des degrés dans l'amertume ; et
« la probabilité d'une guerre nouvelle et irréconciliable
« sera considérablement augmentée si toute une géné-
« ration de Français a devant les yeux le spectacle de la
« destruction d'une capitale, accompagnée de la mort
« de personnes sans armes, de la destruction de trésors
« d'art et de science, de souvenirs historiques d'un prix
« inestimable, impossibles à remplacer. Une telle ca-
« tastrophe sera terrible pour la France et dangereuse
« pour la paix de l'Europe ; en même temps, elle ne sera,
« comme le Gouvernement de la Reine le croit, à per-
« sonne plus pénible qu'à l'Allemagne et à ses princes.
« Le Gouvernement français a décliné les négociations
« de paix depuis l'entrevue de M. de Bismarck et de
« M. Jules Favre ; mais le Gouvernement de la Reine
« a pris sur lui d'insister auprès du Gouvernement pro-
« visoire pour qu'il consente à un armistice qui pourrait
« aboutir à la convocation d'une Assemblée consti-

« tuante et au rétablissement de la paix. Le Gouverne-
« ment de la Reine n'a pas omis de faire sentir à Paris
« la nécessité de faire toutes les concessions compatibles,
« dans la situation actuelle, avec l'honneur de la France.
« Le Gouvernement de la Reine ne se croit pas autorisé
« à l'affirmer, mais il ne peut pas croire que les repré-
« sentations faites par lui resteront sans effet. Pendant
« cette guerre, deux causes morales ont, à un degré in-
« calculable, servi l'immense puissance matérielle des
« Allemands : ils ont combattu pour repousser l'invasion
« étrangère et affirmer le droit d'une grande nation à se
« constituer de la manière la plus propre à développer
« ses aptitudes. La gloire de leurs efforts sera rehaussée
« si l'histoire peut dire que le Roi a épuisé tous les
« moyens pour rétablir la paix, et que les conditions de
« paix étaient justes, modérées, en harmonie avec la
« politique et les sentiments de notre époque. »

Au moment où le ministère anglais tenait ce langage
à la Prusse, son ambassadeur insistait à Tours sur les
mêmes considérations, sans jamais mettre en doute que
l'armistice ne dût être nécessairement accompagné de
ravitaillement. Il m'est permis d'ajouter que, sur ce
point, qui a été le seul objet du débat, l'opinion du
chancelier de la Confédération du Nord ne pouvait être
différente, puisqu'il avait eu connaissance de la mission
officieuse du général Burnside (1), auquel il avait parlé

(1 Sujet américain chargé, à deux reprises différentes, au mois de

d'un armistice sans ravitaillement que le Gouvernement de la défense nationale n'avait pu accepter.

C'était donc dans les termes du droit commun, c'est-à-dire avec un ravitaillement proportionnel à la durée, que l'Angleterre conseillait l'armistice ; c'est aussi dans ces termes qu'il fut compris par les autres puissances, et directement proposé à la Prusse par une correspondance et des télégrammes auxquels elle adhéra. Dans sa conférence avec les membres du Gouvernement, le 30 octobre, M. Thiers n'admettait pas que cette condition pût être contestée en principe. Seulement il avait l'ordre, auquel il s'est certainement conformé, de ne point être trop rigoureux pour son application. Aussi est-ce par erreur que le chancelier de la Confédération du Nord affirme qu'il aurait déclaré « ne pouvoir accepter un armistice que si l'on y comprenait la faculté, pour Paris, de s'approvisionner sur une grande échelle. » Cette assertion est inexacte.

Les chiffres d'une consommation journalière et modérée avaient été minutieusement arrêtés par le ministre du commerce, et seuls ils servaient de base à notre réclamation, strictement limitée au nombre de jours de l'armistice. En cela, nous étions d'accord avec l'usage et l'équité, avec l'intention des puissances neutres, et, nous le croyons, avec le consentement de la Prusse elle-même. Peut-être n'eût-elle pas songé à le retirer sans

septembre et au mois d'octobre, de communications officieuses faites de la part des Prussiens au Gouvernement de la défense nationale.

la reddition de Metz et sans la funeste journée du 31 octobre, accueillie par elle avec une satisfaction mal dissimulée.

Le chancelier de la Confédération du Nord insiste sur les inconvénients auxquels l'armistice exposait l'armée assiégeante. Mais il ne tient pas compte de ceux, bien autrement graves, du non-ravitaillement pour la ville assiégée. Ces inconvénients sont tels qu'ils rendaient dérisoire la convocation d'une Assemblée réduite forcément à l'impuissance à l'heure de ses délibérations, et condamnée par la plus dure des nécessités à subir la loi du vainqueur. L'armistice sans ravitaillement, pour faire statuer au bout d'un mois sur la paix ou sur la guerre, n'était donc ni équitable, ni sérieux; il n'était, pour nous, qu'une déception et un péril. J'en dis autant de la convocation d'une Assemblée sans armistice. S'il avait cru une pareille combinaison compatible avec la défense, le Gouvernement l'aurait adoptée avec joie. La Prusse peut lui reprocher « de n'avoir pas voulu laisser l'opinion du peuple français s'expliquer librement par l'élection d'une représentation nationale. » Le besoin de diviser et d'affaiblir la résistance du pays explique suffisamment cette accusation. Mais quel homme de bonne foi voudra l'admettre ? Qui ne sent l'immense intérêt qu'ont les membres du Gouvernement à écarter la terrible responsabilité que les événements et le vote de Paris font peser sur leur tête ? Ils ont constamment cherché, avec le désir ardent de réussir, les moyens les plus efficaces d'amener la convocation d'une Assemblée, qui était et qui est encore leur vœu le plus cher. C'est dans ce but que j'abordai M. le comte de Bismarck à Ferrières. Je laisse à la conscience publique le soin de juger de quel côté ont été les obstacles, et si le Gouvernement doit être dénoncé au blâme de l'Europe pour n'avoir pas voulu placer les députés de la France sous le canon d'un fort livré à l'armée prussienne. Une convocation sans armistice nous aurait, il est vrai, épargné cette humiliation, mais elle nous en aurait encore réservé de cruelles. Les élections auraient été livrées au caprice de l'ennemi, aux hasards de la guerre, à des impossibilités matérielles énervant notre action militaire et ruinant à l'avance l'autorité morale des mandataires du pays. Et cependant nous sentions si énergiquement le besoin de nous effacer devant les représentants réguliers de la France, que nous eussions bravé ces difficultés inextricables, si, en descendant au fond de nos consciences, nous n'y avions trouvé, impérieux, inflexible, supérieur à tout intérêt personnel, ce grand et suprême devoir de l'honneur à sauvegarder et de la défense à maintenir intacte.

Nous avons maudit et condamné cette guerre ; quand des désastres inouïs dans l'histoire ont mis en poussière ses criminels instigateurs, nous avons invoqué, pour la faire cesser, les lois de l'humanité, les droits des peuples, la nécessité d'assurer le repos de l'Europe, offrant d'y concourir par de justes sacrifices. On a voulu nous imposer ceux que nous ne pouvions accepter, et la Prusse a continué la lutte, non pour défendre son territoire, mais pour conquérir le nôtre. Elle a porté dans plusieurs de nos départements le ravage et la mort ; elle investit depuis plus de deux mois notre capitale, qu'elle menace de bombardement et de famine, et c'est pour couronner ce système scientifique de violence qu'elle nous convie à réunir une Assemblée élue en partie dans ses camps, et appelée à discuter paisiblement quand gronde le canon de la bataille !

Le Gouvernement n'a pas cru une telle combinaison réalisable. Elle le condamnait à discontinuer la défense ; et discontinuer la défense sans armistice régulier, c'était y renoncer. Or, quel est le citoyen français qui ne s'indigne à cette idée ? Le pays tout entier proteste contre elle. On lui demande de voter, — il fait mieux, il s'arme. Nos soldats, victorieux sur la Loire (1), effacent par leur généreux sang les hontes de l'Empire. Paris, dont la Prusse devait forcer l'enceinte en quelques jours, résiste depuis plus de deux mois, et il demeure plus que jamais résolu, après l'avoir rendue inexpugnable. Ses chefs militaires, que la trahison de Sedan avait laissés sans ressources, ont dû improviser une armée et son matériel, former la garde mobile, organiser la garde nationale. Leurs travaux ne seront pas stériles, et, dans cette crise suprême que nous avons essayé de conjurer par

(1) Allusion à la victoire de Coulmiers et à la prise d'Orléans, par le général de Paladines, le 9 novembre.

tous les moyens que l'honneur commandait, nous avons la certitude que chacun fera son devoir.

Le Gouvernement n'a donc pas, comme l'en accuse le chancelier de la Confédération du Nord, cherché à se concilier l'appui de l'Europe en paraissant se prêter à une négociation qu'il avait en réalité le dessein de rompre. Il repousse hautement une pareille imputation. Il a accepté avec reconnaissance l'intervention des puissances neutres, et s'est loyalement efforcé de la faire réussir dans les termes que l'une d'elles avait indiqués en rappelant dans son télégramme « les sentiments de justice et d'humanité auxquels la Prusse devait se conformer ». A cette heure suprême il s'en remettrait volontiers au jugement de ceux dont la voix bienveillante n'a point été écoutée. Ce n'est pas d'eux que lui viendrait un conseil de défaillance.

Après lui avoir donné leur appui moral, ils estimeront qu'il continue à le mériter en défendant énergiquement le principe qu'ils ont posé ; il est prêt à convoquer une assemblée, si un armistice avec ravitaillement le lui permet. Mais il faut qu'il soit bien entendu qu'en le refusant, la Prusse, malgré toutes ses déclarations contraires, cherche à augmenter nos embarras en nous empêchant de consulter la France ; c'est donc à elle seule que doit être renvoyée la responsabilité d'une rupture démontrant une fois de plus qu'elle est déterminée à tout braver pour faire triompher sa politique de conquête violente et de domination européenne.

Je crois, Monsieur, avoir exactement traduit les sentiments qui ont inspiré le Gouvernement, et je vous prie
de vous en pénétrer lorsque vous serez appelé à vous en
expliquer.

*Le Vice-Président du Gouvernement de la défense
nationale, Ministre des affaires étrangères,*

JULES FAVRE.

TABLE

Achevé d'imprimer

LE DIX DÉCEMBRE MIL HUIT CENT SOIXANTE DIX,

AUX FRAIS DE E. MAILLET,

Libraire à Paris.

169

www.ingramcontent.com/pod-product-compliance
Lightning Source LLC
Chambersburg PA
CBHW051239030726
47595CB00003B/994